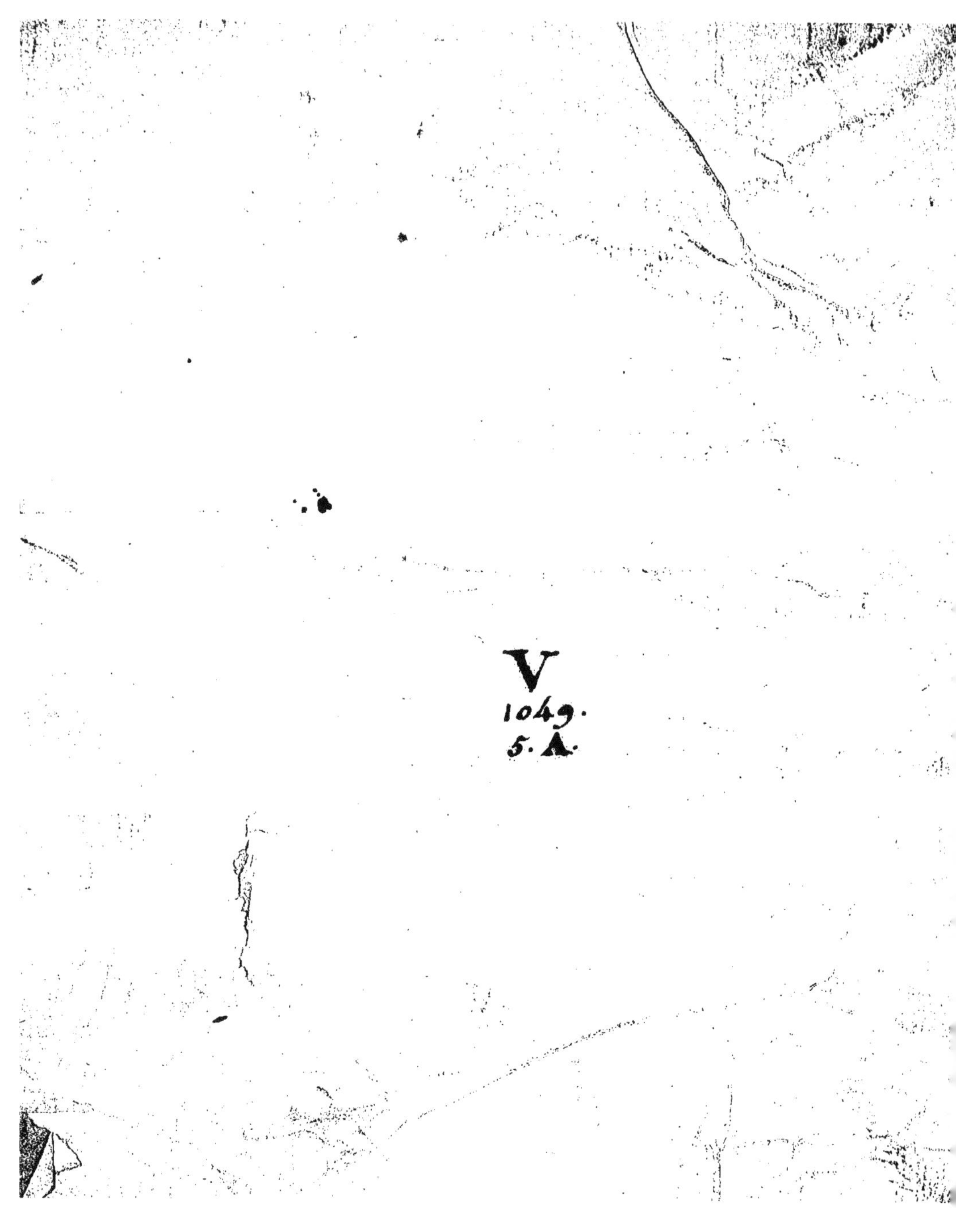

MÉMOIRE

SUR LA

PROJECTION DE CASSINI,

PAR L. PUISSANT;

POUR SERVIR DE SUPPLÉMENT A SA THÉORIE DES PROJECTIONS DES CARTES GÉOGRAPHIQUES.

PARIS,

Chez Mme Ve COURCIER, Imprimeur-Libraire pour les Mathématiques, quai des Augustins, n° 57.

1812.

AVERTISSEMENT.

La Théorie que je développe dans cet Opuscule, dérivant essentiellement de la propriété de la ligne la plus courte sur la surface de la terre, je ne puis manquer, en partant de cette propriété, de retomber sur quelques-unes des formules que M. Legendre a publiées dans son excellent Mémoire sur les Triangles sphéroïdiques, et que j'ai déjà eu occasion d'employer; mais les nouvelles conséquences que j'en tire, pourront, à cause de leur utilité, intéresser les Géographes à qui l'analyse est familière.

N. B. J'étais loin de penser qu'en traitant à fond, dans le Supplément au deuxième livre du Traité de Topographie, la *Théorie de la Projection modifiée de Flamstéed*, sur laquelle M. Henry a publié un Mémoire en 1810, dont j'ai rendu compte dans le Moniteur du 24 mai 1811, je mettrais cet Ingénieur dans la nécessité de réclamer la priorité à cet égard (*Journal de la Correspondance* de M. de Zach, juin 1811, page 593); puisqu'il n'ignorait point que, dès 1807, je m'étais fait un plaisir d'annoncer ce Mémoire, et d'en donner, d'après son invitation, un petit extrait à la page 146 de ma Topographie. D'ailleurs, eussé-je réuni le premier en corps de doctrine tout ce que l'on sait depuis long-temps sur la projection dont il s'agit, ou traité certaines parties qui en dépendent, avec plus de simplicité et d'élégance qu'aucun autre Géomètre, l'ouvrage de M. Henry n'en serait pas moins utile et intéressant sous tous les rapports; mais il est certain que l'on connaissait avant lui et moi les propriétés de cette projection, ainsi que la plupart des procédés graphiques qu'il expose.

Paris, juin 1812.

MÉMOIRE

SUR

LA PROJECTION DE CASSINI.

Avantages qui résultent en levant les détails topographiques à la projection même de la carte d'ensemble.

1. Les méthodes géométriques adoptées pour les levés de détail d'un pays d'une grande étendue, donneraient immédiatement pour projection une espèce de perspective des points et des lignes que l'on considère sur la surface du sphéroïde terrestre, en prenant pour rayons visuels les normales à cette surface, si l'on pouvait effectuer cette projection sur une autre surface qui lui fût semblable; mais dans tout l'espace où les directions du fil-à-plomb peuvent être considérées comme parallèles, la projection dont il s'agit dégénère sensiblement en projection orthogonale, et est supposée être faite sur un plan tangent à la surface de la terre ayant pour point de contact le milieu de ce petit espace. En relevant donc des détails topographiques de proche en proche, par les mêmes procédés, on a une suite de cartes tracées sur des plans tangens différens, et qu'il est par conséquent impossible d'assembler exactement sur une même surface plane; puisque la somme des angles plans dont se compose un angle polyèdre convexe, est toujours plus petite que quatre angles droits. Pour éviter la disjonction des parties communes à ces cartes particulières, l'on est donc obligé de choisir un système de projection qui se prête à leur réunion. Quoique tout système de cette nature puisse procurer cet avantage, non toutefois sans altérer plus ou moins la configuration des objets ainsi que leurs positions respectives, celui des distances à la méridienne et à

la perpendiculaire, employé pour la première fois par Cassini, est cependant presque le seul dont on a fait usage jusqu'à présent, soit à cause de la simplicité des opérations graphiques qui en dépendent, soit pour imiter en cela les illustres Auteurs de la Carte de France, qui, par leurs immenses travaux géodésiques, ont si puissamment contribué aux progrès de la topographie des grands Etats.

Mais convient-il de former d'abord le canevas d'une carte à la projection de la gravure et à l'échelle des détails, pour les y tracer à mesure qu'on opère sur le terrain, afin d'en avoir immédiatement l'ensemble, et de régulariser par ce moyen les travaux des ingénieurs; ou bien ne vaut-il pas mieux lever ces détails isolément et par limites naturelles, c'est-à-dire en suivant le cours des rivières ou des chemins, etc, pour les assujétir ensuite à la projection du canevas général? La première méthode serait, sinon impraticable, du moins extrêmement fastidieuse et embarrassante, si la projection défigurait considérablement les surfaces qui avoisinent les limites de la carte, à cause de la nécessité où l'on serait de faire à chaque moment des réductions aux grandes longueurs ainsi qu'aux angles mesurés sur le terrain, pour les projeter sur la carte; mais comme, dans les bons levés, les points trigonométriques rigoureusement projetés sont très-rapprochés les uns des autres, et que c'est à ces points que se rattachent les opérations de détail, on est dispensé d'avoir égard à ces réductions, même lorsque la carte a beaucoup d'étendue en longitude, vu que les erreurs qui en résultent alors sont de peu de conséquence, et qu'elles ne peuvent d'ailleurs s'accroître indéfiniment. Ce fait se vérifie d'autant mieux, que la projection altère moins les formes des objets situés dans les régions où ses défauts se font sentir le plus; et il en résulte ce précieux avantage, comme je l'ai déjà dit ailleurs, que les bandes ou feuilles de détail peuvent s'assembler et se réduire à l'échelle de la gravure, sans qu'on soit obligé de changer de projection. L'autre méthode qui paraît en premier lieu plus exacte que celle-ci, est néanmoins sujette elle-même à plusieurs inconvéniens assez graves, et ne présente pas plus de précision dans ses résultats; parce qu'elle exige que les levés, pour former un tout continu, soient derechef assujétis à la projection du canevas de la carte générale; or, cette nouvelle opération est fort longue et fort pénible, et ne peut se faire souvent sans porter quelqu'atteinte à l'exactitude des détails obtenus directement, surtout s'ils sont nombreux, et si la carte comprend une grande étendue de pays. D'ailleurs il n'y a rien de plus incohérent et de plus nuisible au bien du service, que cette foule de petites cartes détachées qui ne peuvent se prêter à la vérification et à la réunion de leurs parties communes, qu'après avoir subi des altérations plus ou moins considérables. Je pense donc que toutes les fois que l'exécution d'une carte est confiée à la même administration, l'on doit établir les détails sur les bandes mêmes faisant partie du canevas général et définitif; et qu'il ne faut procéder autrement que quand il s'agit de rédiger une carte avec des matériaux déjà existans. Aussi les cartes des quatre départemens réunis, du royaume d'Italie, du Mont-Blanc, etc., qui s'exécutent d'après la méthode des distances à une méridienne et à sa perpendiculaire, parce que l'on avait eu d'abord en vue de les réunir à la carte de France, offrent-elles l'exemple de la plus parfaite régularité (1).

Tous les géographes savent que sur cette carte, les distances mesurées sur le méridien rectiligne de Paris, et suivant des droites perpendiculaires à ce méridien, y sont les mêmes que sur un globe semblable au sphéroïde terrestre et supposé construit à l'échelle de cette carte; mais aussi ces perpendiculaires y étant parallèles, tandis que les courbes dont elles sont le développement convergent vers l'équateur, il en résulte que les autres distances et les aires sont d'autant plus altérées sur cette projection, qu'elles sont prises plus loin du premier méridien.

Il paraît que l'on ne s'était imposé la loi de développer en lignes

---

(1) On ne saurait disconvenir que la carte de Cassini, malgré l'estime dont elle jouit à beaucoup de titres, ne soit très-fautive dans toutes les parties qui n'ont pas été assujéties à de bonnes triangulations, principalement dans celles qui forment les limites de l'ancienne France : il serait donc très-inconvenant de dénaturer d'excellens matériaux topographiques, pour former le complément d'une carte qui ne donne d'ailleurs aucune idée exacte du relief du terrain, ni de l'étendue et de la forme des habitations, mais qui serait le plus beau et le plus vaste monument de ce genre, si elle était refaite d'après les nouvelles méthodes.

droites le méridien principal et tous les arcs qui lui sont perpendiculaires, qu'afin de déterminer les projections des objets suivant la méthode même dont on avait fait usage pour en reconnaître les positions respectives sur la terre; car c'est à de telles coordonnées rectangles que les sommets des triangles qui composent le canevas de la carte de France ont été rapportés. Cependant, comme il est plus commode en géographie d'assigner les positions des lieux au moyen de leurs latitudes et de leurs longitudes, il est assez surprenant qu'on n'ait point tracé les meridiens et les parallèles sur les feuilles de cette carte, ainsi que cela se pratique maintenant au Dépôt de la guerre sur la projection qui y est adoptée pour la gravure, et que Cassini ne parle nulle part, du moins que je sache, de la méthode de construire ces courbes. Je réparerai ici cette omission; mais afin de procéder du simple au composé, je considérerai d'abord la terre comme sphérique, ensuite je ferai connaître les modifications qu'éprouvent les équations des projections des méridiens et des parallèles pour le cas où notre globe est supposé un ellipsoïde de révolution; enfin je donnerai un nouveau système de formules pour déterminer dans tous les cas, d'une manière simple et exacte, les distances d'un point à une méridienne et à sa perpendiculaire.

Ire HYPOTHÈSE, *la Terre étant sphérique.*

Équations exactes et approchées des projections des méridiens et des parallèles.

2. UNE construction est propre à donner un aperçu des principales propriétés de la projection actuelle: proposons-nous donc de projeter un demi-fuseau sphérique dont l'angle soit de 200 grades. Pour cet effet, développons en ligne droite le quart du méridien qui passe par le milieu du fuseau; construisons, tant au-dessus qu'au-dessous de cette ligne comme base, un quarré, et partageons les côtés de chaque quarré en parties égales, en 10, par exemple; puis joignons, par des droites, les points correspondans de deux bases opposées: ces droites seront les projections d'arcs perpendiculaires au méridien principal développé en ligne droite, et l'ensemble de ces deux quarrés formera un rectangle dont

dont les deux côtés les plus longs seront, l'un la projection de la moitié de l'équateur, l'autre celle du demi-méridien qui fait avec la projection du méridien principal, un angle de 100°. Enfin les points équidistans, marqués sur la projection de l'équateur, seront ceux par lesquels devront passer les projections des méridiens, tandis que les points de division du méridien principal et du méridien extrême de la carte, qui lui est perpendiculaire, seront les points où les projections des parallèles couperont ces lignes. Quant à la manière de déterminer mécaniquement d'autres points intermédiaires de ces courbes, ce serait de prendre sur la carte d'un globe divisé conformément à l'hypothèse ci-dessus, les longueurs des arcs perpendiculaires au méridien principal, et compris entre ce méridien et le parallèle ou le méridien que l'on considère; puis de porter les longueurs réduites à l'échelle de la carte, sur les perpendiculaires correspondantes.

En supposant donc que l'on ait exécuté cette construction qui n'a rien de difficile, et qui forme une figure partagée en deux parties symétriques par le méridien rectiligne, on reconnaîtra sur-le-champ que les parallèles coupent à angles droits le méridien principal; que les quadrilatères compris entre deux méridiens et deux parallèles, sont d'autant plus altérés dans leurs formes et leurs dimensions, qu'ils s'éloignent davantage du milieu de la carte; que les espaces renfermés entre deux perpendiculaires au méridien principal, dilatent, dans une progression très-sensible, les espaces correspondans sur le globe; enfin que la carte de Cassini n'est à proprement parler qu'une *carte plate* très-analogue à celles dont les marins faisaient usage avant l'invention des *cartes réduites*: en effet, la seule différence qui existe entre l'une et l'autre, c'est que l'axe principal est un méridien dans la projection de Cassini, et est l'équateur dans une carte plate.

Si on supposait la terre ellipsoïdique, cela ne changerait rien à ces conclusions, et les intervalles entre les parallèles, mesurés sur le méridien rectiligne, seraient encore sur la carte dans les mêmes rapports que sur le globe.

Maintenant soient pris sur la terre pour axes des coordonnées rectangles le méridien principal et l'équateur, et soient désignées par λ, λ' les latitudes du pié M et de l'extrémité M' d'une perpendiculaire $MM' = y$ à ce méridien. Soit en outre φ la longitude du méridien qui passe par l'extrémité M', comptée à partir du méridien principal, et P un des pôles: on aura par la propriété du triangle sphérique rectangle PMM', et en supposant le rayon de la terre $= 1$, l'équation

$$(1) \qquad \tang y = \cos \lambda \tang \varphi.$$

Mais, puisque sur la carte, où la projection du triangle PMM' est pmm', les coordonnées rectangles de la projection d'un point sont de même longueur que sur la terre, il s'ensuit que si λ et y sont considérées comme variables, et φ comme constant, l'équation précédente sera celle de la projection $m'p$ d'un même méridien $M'P$; on pourra donc obtenir toutes ces courbes sur la carte, en donnant à φ des valeurs convenables, et cherchant le système de points que fournira cette équation, en y faisant varier la latitude ou l'abscisse λ, pour en conclure les valeurs correspondantes de y ou de l'ordonnée mm'.

Le même triangle sphérique PMM' donne

$$(2) \qquad \sin \lambda \cos y = \sin \lambda';$$

ainsi, en supposant seulement λ' constante, cette équation sera celle de la projection d'un parallèle; et attribuant au contraire différentes valeurs à λ', on aura autant de projections de ces courbes. Mais dans la pratique on préfère ordinairement de déterminer sur la carte les coordonnées des points d'intersection des méridiens et des parallèles, menés par exemple de décigrades en décigrades: or, cela est facile, en combinant les équations (1) et (2) dans lesquelles les inconnues λ et y ont alors les mêmes valeurs: ainsi la longitude φ et la latitude λ' d'un point étant données, on aura ses coordonnées λ et y au moyen des deux équations dont il s'agit, ou bien en ayant recours à ces deux autres

$$(3) \qquad \cot \lambda = \cot \lambda' \cos \varphi, \qquad (4) \qquad \sin y = \cos \lambda' \sin \varphi,$$

pour éviter l'élimination.

Les valeurs de λ et de y seront exprimées en grades ou en degrés, selon que l'on emploiera les tables de logarithmes relatives à la nouvelle ou à l'ancienne division du cercle; et, comme le méridien rectiligne ou l'axe principal de la carte est censé divisé en unités de même espèce, il sera inutile de réduire ces valeurs en mètres: elles seront donc prises immédiatement sur cet axe ou sur l'échelle divisée de la même manière.

S'il arrivait que les coordonnées d'un point excédassent les dimensions d'une feuille de la carte, il faudrait transporter l'origine des axes à l'un des angles de la feuille sur laquelle ce point doit être projeté, comme cela se pratique ordinairement, et comme je l'ai suffisamment expliqué dans le Supplément à ma Topographie.

Les équations rigoureuses (1) et (2), qui peuvent être employées sans inconvénient pour les cartes particulières construites à l'échelle du 1000000ième, parce qu'alors l'aplatissement de la terre doit être considéré comme nul, font voir que les courbes cherchées sont transcendantes de leur nature; mais si l'on ne considère ces courbes que dans une très-petite étendue, elles peuvent être rendues algébriques. En effet, en supposant fort petite la longitude φ du méridien extrême de la carte, la perpendiculaire y aura elle-même très-peu d'étendue; donc à cause de tang $y = y + \frac{y^3}{3} + \ldots$, on aura en faisant $\lambda = L + x$, et considérant que x pourra alors différer de L d'aussi peu qu'on voudra, puisque cette latitude est arbitraire, on aura, dis-je, en vertu de l'équation (1)

$$y + \frac{y^3}{3} = \cos(L + x) \tang \varphi;$$

puis développant le facteur cos $(L + x)$, et rejetant les termes supérieurs au second ordre, on trouvera

$$(5) \qquad y + \frac{y^3}{3} = \tang \varphi \cos L - x \tang \varphi \sin L - \frac{x^2}{2} \tang \varphi \cos L.$$

Telle est l'équation approchée de la projection d'un méridien; mais pour ne comprendre à-la-fois qu'une petite portion de cette courbe, l'on prendra pour valeur de L la latitude λ' d'une des extrémités de la partie qu'on veut tracer, et alors on pourra négliger les termes du troisième ordre; on aura donc dans ce cas

(5′) $$y = \text{tang}\,\varphi \cos\lambda' - x\,\text{tang}\,\varphi \sin\lambda';$$

ce qui prouve que les méridiens ont en général très-peu de courbure, et que leur partie comprise entre deux parallèles rapprochés est sensiblement rectiligne.

Si on fait la même hypothèse dans l'équation (2), on obtiendra, en y substituant pour $\cos y$ et $\sin\lambda$, leurs valeurs $1 - \frac{y^2}{2}$ et $\sin(\lambda' + x)$, et en s'arrêtant toujours dans le développement aux quantités du second ordre,

(6) $$y^2 = 2x \cot\lambda' - x^2.$$

Les parallèles de la carte sont donc à très-peu près circulaires; mais leur courbure est en général plus sensible que celle des méridiens, puisque quelle que soit la petitesse de x, l'équation précédente ne se réduira jamais au premier degré. Comme il est permis de supprimer le terme en x^2, l'équation de ces parallèles deviendra à la parabole; car l'on aura alors

(6′) $$y^2 = 2x \cot\lambda';$$

ainsi ces deux dernières courbes sont osculatrices.

D'après ces considérations, les méridiens et les parallèles, sur la projection de Cassini, sont très-faciles à tracer. Il est à remarquer qu'il faudra, dans ces équations approchées, mettre $\frac{x}{r}$ et $\frac{y}{r}$ au lieu des coordonnées x et y exprimées en mètres, r étant le rayon moyen de la terre; vu que ces équations se rapportent à une sphère du rayon $= 1$.

Si on combinait entre elles les équations (5′) et (6′), pour lesquelles l'origine des axes est au point dont la latitude est λ', on aurait les coordonnées du point d'intersection d'un méridien et d'un parallèle, dans la supposition que la latitude λ' et la longitude φ de ce point sont connues; mais il est encore plus simple pour cet effet de faire usage des formules rigoureuses (3) et (4).

Détermination de l'angle formé par deux courbes de projection.

3. Cherchons maintenant l'expression générale de l'angle que deux courbes de projection font entr'elles. D'abord désignons par θ l'angle qu'une tangente à un méridien fait sur la carte avec la ligne des x, et par θ' celui qu'une tangente à un parallèle fait avec cette même ligne; puis supposons que ces deux angles aient pour sommet commun l'extrémité m' de l'ordonnée y. On aura

$$\operatorname{tang}\theta = \frac{dy}{d\lambda},$$

et tirant de l'équation rigoureuse des méridiens la valeur du rapport $\frac{dy}{d\lambda}$, on obtiendra, à cause de la relation (2),

$$\operatorname{tang}\theta = -\operatorname{tang}\varphi \cos y \sin\lambda';$$

on aura aussi

$$\operatorname{tang}\theta = -\frac{\operatorname{tang}\varphi \sin\lambda}{1+\cos^2\lambda \operatorname{tang}^2\varphi} = -\sin y \cos y \operatorname{tang}\lambda.$$

Tirant pareillement de la relation citée la valeur du rapport $\frac{dy}{d\lambda}$, on aura, relativement aux parallèles,

$$\operatorname{tang}\theta' = \frac{1}{\operatorname{tang}\lambda \operatorname{tang} y};$$

mais à cause de $\operatorname{tang} y = \cos\lambda \operatorname{tang}\varphi$, il s'ensuit que

$$\operatorname{tang}\theta' = \frac{1}{\sin\lambda \operatorname{tang}\varphi} = \frac{\cos y \cot\varphi}{\sin\lambda'};$$

De cette valeur et de la précédente, il est aisé de conclure qu'en général les méridiens et les parallèles de la carte ne se coupent point à angles droits, comme sur la terre; car il faudrait pour cela que l'équation $\operatorname{tang}\theta \operatorname{tang}\theta' = 1$ fût satisfaite: or au contraire on a

$$\operatorname{tang}\theta \operatorname{tang}\theta' = \cos^2 y;$$

mais cette propriété se manifeste lorsque l'ordonnée $y = 0$: donc toutes les projections des parallèles sont perpendiculaires à celle du méridien principal. Il est en outre remarquable que les méridiens forment entr'eux sur la carte les mêmes angles que sur le globe.

Lorsque $y = 100^G$, on a aussi nécessairement $\varphi = 100^G$, et $\lambda' = 0$; alors les valeurs de $\tang \theta$ et de $\tang \theta'$ deviennent nulles; ce qui fait voir que la projection de Cassini défigure très-rapidement les surfaces, en allant du milieu de la carte vers ses limites orientales ou occidentales. Les longueurs ne sont pas altérées avec moins de rapidité, puisque la distance de deux perpendiculaires au méridien principal, au lieu d'être nulle à la longitude de 100^G, comme sur le globe terrestre, est toujours égale à celle qui les sépare sur ce méridien.

Pour comparer entre eux l'angle M' et sa projection $m' = 100^G - \theta$, il faut se rappeler que dans le triangle sphérique rectangle PMM', on a

$$\tang M' = \frac{\cot \lambda}{\sin y},$$

et que par ce qui précède

$$\tang m' = \frac{\cot \lambda}{\sin y \cos y} = \frac{\tang M'}{\cos y}.$$

Si en outre V désigne l'angle formé sur la terre par un parallèle et une perpendiculaire y au méridien, l'on aura, à cause de $V = 100^G - M'$,

$$\tang V = \sin y \tang \lambda;$$

et d'après l'un des résultats précédens, la projection $v = 100^G - \theta'$ de cet angle sera

$$\tang v = \tang y \tang \lambda = \frac{\tang V}{\cos y}.$$

Les angles θ et θ' servent à déterminer les directions des méridiens et des parallèles sur la carte, et, par suite, les points où ces lignes coupent celles du cadre d'une feuille.

L'expression de la tangente trigonométrique de l'angle que la projection d'une ligne géodésique ou de plus courte distance fait avec une ordonnée, se détermine aussi très-aisément, lorsque l'on connaît la direction de cette ligne sur la terre. En effet, soit B le point où cette ligne géodésique $M'B$ rencontre le méridien principal sur le globe, et b la projection de ce point sur la carte : soient en outre λ et y les coordonnées du point M', et ω l'angle $MM'B$; enfin x la distance $MB = mb$. La projection ω' de l'angle ω, à cause de l'équation

$$(7) \qquad \tang B = \frac{\tang y}{\sin x}$$

fournie par le triangle sphérique rectangle $MM'B$, sera donnée par la formule suivante, conforme à celles trouvées ci-dessus,

$$(8) \qquad \tang \omega' = \frac{dx}{dy} = \frac{\tang \omega}{\cos y};$$

donc l'angle qu'une ligne géodésique fait avec une perpendiculaire à la méridienne diffère en général de sa projection; mais l'égalité de ces deux angles a lieu à l'origine m de la perpendiculaire, puisqu'alors $\cos y = 1$.

Si on rapproche de ces conséquences celles analogues que j'ai déduites des principes de la projection modifiée de Flamstéed, page 49 du Supplément à la Topog.), on se convaincra que cette dernière projection mérite la préférence sur celle de Cassini, lorsque la carte a beaucoup d'étendue en longitude.

Quadrature des espaces sur la projection.

4. Un quadrilatère sphérique formé par des arcs de grand cercle et dont deux angles adjacens au même côté sont droits, a pour projection un trapèze rectangle mixtiligne, lorsque deux des côtés opposés de ce quadrilatère sont des perpendiculaires à la méridienne, et qu'un des autres côtés est cette méridienne elle-même.

Voici différens moyens pour connaître, avec une approximation indéfinie, le rapport qui existe entre les aires de ces deux figures.

Soient y, y' les ordonnées des extrémités de la projection $m'n'$ de l'arc de grand cercle $M'N'$; et x, x' les distances mb, nb, de ces ordonnées à la projection b du point B où l'arc $M'N'$ rencontre le méridien principal. L'expression différentielle de l'aire Σ'

du quadrilatère $mm'n'n$ sur la carte sera évidemment

$$d\Sigma' = y\,dx,$$

et de là on aura

$$\Sigma' = \int y\,dx + \text{const.}$$

Cette intégrale n'est pas susceptible d'être déterminée rigoureusement; mais pour tous les cas où l'angle opposé à l'ordonnée y est plus petit qu'un demi-quadrant, on peut l'obtenir par une série convergente. En effet à cause de

$$y = \text{tang}\,y - \frac{\text{tang}^3 y}{3} \ldots, \quad \text{et de} \quad \text{tang}\,y = \sin x \,\text{tang}\,B,$$

on a

$$\begin{aligned}\Sigma' &= \int \sin x \,\text{tang}\,B\,dx - \int \tfrac{1}{3} \sin^3 x \,\text{tang}^3 B\,dx \ldots\ldots + \text{const.}\\ &= -\,\text{tang}\,B \cos x + \tfrac{1}{4} \text{tang}^3 B \cos x - \tfrac{1}{36} \text{tang}^3 B \cos 3x \ldots + \text{const.};\end{aligned}$$

et puisque l'on doit intégrer entre les limites y et y', il vient

$$\begin{aligned}\Sigma' = (\cos x' - \cos x)\,\text{tang}\,B + \tfrac{1}{36}(\cos 3x' - \cos 3x)\,\text{tang}^3 B\\ - \tfrac{1}{4}(\cos x' - \cos x)\,\text{tang}^3 B \ldots\ldots\end{aligned}$$

mais en général

$$\cos mx' - \cos mx = 2 \sin \tfrac{m}{2}(x' + x) \sin \tfrac{m}{2}(x - x');$$

de plus

$$\text{tang}\,B = \frac{\text{tang}\,y}{\sin x}, \quad \text{tang}\,B = \frac{\text{tang}\,y'}{\sin x'}, \quad \text{tang}\,\omega = \frac{\text{tang}\,x}{\sin y},$$

partant

$$(9) \quad \begin{aligned}\Sigma' = 2(\text{tang}\,B - \tfrac{1}{4}\text{tang}^3 B) \sin \tfrac{1}{2}(x' + x) \sin \tfrac{1}{2}(x - x')\\ + \tfrac{1}{18} \text{tang}^3 B \sin \tfrac{3}{2}(x' + x) \sin \tfrac{3}{2}(x - x') \ldots\ldots\end{aligned}$$

ou

$$(9) \quad \begin{aligned}\Sigma' = 2\left(\frac{\text{tang}\,y}{\sin x} - \frac{1}{4}\frac{\text{tang}^3 y}{\sin^3 x}\right) \sin \tfrac{1}{2}(x' + x) \sin \tfrac{1}{2}(x - x')\\ + \frac{1}{18} \frac{\text{tang}^3 y}{\sin^3 x} \sin \tfrac{3}{2}(x' + x) \sin \tfrac{3}{2}(x - x') \ldots\ldots\end{aligned}$$

série qui sera nécessairement convergente, si $\text{tang}\,B < 1$.

Quant à la formule exacte qui donne l'aire Σ du quadrilatère correspondant

correspondant sur la terre, la voici suivant M. Lagrange,

$$(10) \qquad \operatorname{tang} \tfrac{1}{2}\Sigma = \frac{\sin\left(\frac{y+y'}{2}\right)}{\cos\left(\frac{y-y'}{2}\right)} \operatorname{tang} \tfrac{1}{2}(x - x'),$$

(Voyez le *Traité de Géodésie*, pag. 185).

Si on voulait appliquer les nombres à ces formules, et avoir Σ, Σ' en mètres quarrés, il faudrait multiplier par r^2 tous les termes du second membre de la série (9), r étant, comme plus haut, le rayon moyen de la terre, ou 6366198^m; parce que cette série est relative à une sphère dont le rayon $= 1$. Il faudrait en outre multiplier la valeur de Σ déduite de la formule (10), et exprimée en parties du quadrant, par le $\frac{1}{8}$ de l'aire de la sphère terrestre, c'est-à-dire par $\frac{\pi r^2}{2}$, π étant le rapport de la demi-circonférence au rayon ou 3,1415...., vu que cette formule donne l'aire cherchée en parties d'un triangle sphérique tri-rectangle. Il serait encore plus convenable de prendre pour r le rayon de la sphère dont la surface s'écarte le moins possible de celle de la terre dans le lieu représenté par la carte (*Traité de Topographie*, pag. 25).

Si on comparait les valeurs numériques des aires Σ et Σ', et cela serait très-facile, on reconnaîtrait qu'elles ne sont point égales, comme dans la projection modifiée de Flamstéed; cependant les deux formules (9) et (10) rentrent l'une dans l'autre, lorsque les ordonnées y et y' sont très-petites et très-peu distantes entre elles.

Mais de quelque nature que soient les méridiens et les parallèles de la carte, on peut assimiler des petites portions de ces courbes à des arcs de paraboles, et trouver, par suite de cette hypothèse admissible, l'aire de chacune de ces mêmes courbes avec toute l'exactitude desirable. Supposons, par exemple, qu'on veuille l'aire de la courbe d'un méridien depuis l'abscisse $x = 0$ jusqu'à l'abscisse $x = k$, ce qui pourra toujours avoir lieu en transportant l'origine des abscisses à celle de l'aire que l'on considère. On divisera l'abscisse k en un grand nombre n de parties égales, ensorte qu'on aura $x = k = n\alpha$; et l'on calculera par l'une des formules exactes du n° 2 les ordonnées correspondantes aux abscisses

$$0, \quad \tfrac{1}{2}\alpha, \quad \alpha, \quad \tfrac{3}{2}\alpha \ldots\ldots\ldots n\alpha$$

ordonnées que nous désignerons par

$$y, \quad y', \quad y'', \quad y''' \ldots\ldots\ldots y^{(2n)},$$

ou bien on les déterminera graphiquement, si la carte est construite sur une grande échelle.

Cela posé, la question sera réduite à calculer les aires paraboliques comprises entre y et y''; entre y'' et y^{iv}, etc. Or remarquons que les ordonnées y', y'''.. sont alors des diamètres de paraboles, tandis que les cordes qui joignent les extrémités de yy'', de $y''y^{\text{iv}}$... en sont des doubles ordonnées. Chacune des aires partielles sera donc composée d'un trapèze et d'un segment parabolique; ainsi la première aire partielle aura pour expression

$$\left(\frac{y+y''}{2}\right)\alpha + \left(y' - \frac{y+y''}{2}\right)\tfrac{2}{3}\alpha = \frac{\alpha}{6}\,(y + 4y' + y'');$$

car tout segment parabolique est les deux tiers du parallélogramme circonscrit, et ce parallélogramme est ici équivalent à un rectangle qui a pour base α et pour hauteur $\left(y' - \frac{y+y''}{2}\right)$. Par la même raison la deuxième aire partielle sera

$$\frac{\alpha}{6}\,(y'' + 4y''' + y^{\text{iv}}),$$

et ainsi de suite. Donc l'aire entière S, comprise entre $x = 0$ et $x = n\alpha$, sera donnée par la formule suivante,

$$S = \frac{\alpha}{6}\left(y + 4y' + 2y'' + 4y''' + 2y^{\text{iv}} \ldots + 4y^{(2n-1)} + y^{(2n)}\right),$$

dans la supposition que n est un nombre pair, et que α, y, y'... sont exprimées en mètres. On commettra d'autant moins d'erreur dans l'évaluation de cette aire, que l'intervalle α entre deux ordonnées consécutives sera plus petit.

La méthode par laquelle on détermine ainsi l'aire d'une courbe quelconque est connue depuis long-temps; mais elle vient d'être perfectionnée par M. Legendre, dans un ouvrage ayant pour titre: *Exercices de calcul intégral*, pag. 317 et suivantes. Voici, d'après ce savant géomètre, le précis d'une autre méthode générale qui est préférable à quelques égards, et dont l'application peut être très-utile en topographie.

Soit généralement $y = F(x)$ l'équation d'une courbe plane, et supposons comme ci-dessus $x = n\alpha$, n étant un nombre entier d'autant plus grand qu'on desire plus de précision dans l'évaluation de l'aire cherchée. Les ordonnées

$$y, \quad y', \quad y'', \quad y''', \ldots\ldots y^{(2n-1)}, \quad y^{(2n)},$$

correspondantes aux abscisses

$$0, \quad \tfrac{1}{2}\alpha, \quad \alpha, \quad \tfrac{3}{2}\alpha, \ldots\ldots (n-\tfrac{1}{2})\alpha, \quad n\alpha$$

pourront être représentées par les fonctions

$$F(0), \; F(\tfrac{1}{2}\alpha), \quad F(\alpha), \quad F(\tfrac{3}{2}\alpha) \ldots F(x-\tfrac{1}{2}\alpha), \quad F(x);$$

et si on mène par les extrémités de y', $y'''\ldots\ldots$ des parallèles à l'axe des x, terminées aux ordonnées y, y''; y'', y^{iv};.... il en résultera une suite de rectangles qui représentera à très-peu près l'aire cherchée S; de sorte qu'on aura par une première approximation

$$S = \alpha[F(\tfrac{1}{2}\alpha) + F(\tfrac{3}{2}\alpha) + F(\tfrac{5}{2}\alpha) \ldots\ldots + F(x-\tfrac{1}{2}\alpha)]$$

les ordonnées y', y''', y^{v}... sont donc les seules qu'il soit nécessaire de calculer.

Désignons par $\Sigma F(x+\frac{1}{2}\alpha)$ la somme des termes qui composent le facteur polynome du second membre, et dénotons par ξ la correction à faire à cette première valeur approchée pour en avoir une plus exacte,

$$S = \alpha\Sigma F(x+\tfrac{1}{2}\alpha) + \xi.$$

Maintenant si on prend les différences finies de cette équation, et qu'on fasse varier x de la quantité α on aura

$$\Delta S = \alpha F(x+\tfrac{1}{2}\alpha) + \Delta\xi;$$

d'où

$$\Delta\xi = \Delta S - \alpha F(x + \tfrac{1}{2}\alpha).$$

Pour développer les deux termes du second membre par la série de Taylor, on remarquera que

$$\Delta S = \frac{dS}{dx}\alpha + \frac{1}{2}\frac{d^2S}{dx^2}\alpha^2 + \frac{1}{2.3}\frac{d^3S}{dx^3}\alpha^3 + \ldots$$

et qu'à cause de $dS = ydx$, on a

$$y = \frac{dS}{dx} = F(x); \qquad \frac{dy}{dx} = \frac{d^2S}{dx^2} = \frac{dF(x)}{dx}; \text{ etc.}$$

ainsi d'une part

$$\Delta S = \alpha F(x) + \frac{\alpha^2}{2}\frac{dF(x)}{dx} + \frac{\alpha^3}{2.3}\frac{d^2F(x)}{dx^2} + \frac{\alpha^4}{2.3.4}\frac{d^3F(x)}{dx^3} + \ldots$$

et de l'autre

$$F(x + \tfrac{1}{2}\alpha) = F(x) + \tfrac{1}{2}\alpha\frac{dF(x)}{dx} + \frac{1}{2.4}\alpha^2\frac{d^2F(x)}{dx^2} + \frac{\alpha^3}{2.3.8}\frac{d^3F(x)}{dx^3} + \ldots$$

donc en ôtant de la première suite cette seconde multipliée par α, et réduisant, on obtient

$$\Delta\xi = \frac{\alpha^3}{2}\left(\tfrac{1}{3} - \tfrac{1}{4}\right)\frac{d^2F(x)}{dx^2} + \frac{\alpha^4}{2.3}\left(\tfrac{1}{4} - \tfrac{1}{8}\right)\frac{d^3F(x)}{dx^3} + \ldots$$

passant de cette différence finie à la valeur de ξ, on reconnaît sur-le-champ que

$$\xi = \frac{\alpha^2}{24}\frac{dF(x)}{dx} + \ldots\ldots\ldots\ldots + \text{constante.}$$

M. Legendre cherche par un procédé très-élégant la loi de cette série; mais à cause que l'on peut dans la pratique prendre α assez petit pour rendre suffisant le premier terme que l'on vient de trouver, il s'ensuit qu'en désignant par $\frac{F^\circ(x)}{dx^\circ}$ ce que devient la fonction $\frac{F(x)}{dx}$ à l'origine de x, et déterminant la constante précédente de manière que x et S soient nulles en même tems, on aura

$$S = \alpha\Sigma F(x + \tfrac{1}{2}\alpha) + \frac{\alpha^2}{24}\left(\frac{dF(x)}{dx} - \frac{dF^\circ(x)}{dx^\circ}\right),$$

pour l'aire qu'il s'agissait de trouver. Si les valeurs des coefficiens différentiels devenaient infinies aux limites de l'intégrale, c'est-à-dire, si à ces points les tangentes à la courbe étaient parallèles aux ordonnées, car en général $\frac{dF(x)}{dx} = \frac{dy}{dx} = \text{tang}\,\theta$, n° 3, cette formule se trouverait en défaut; mais il serait bien aisé d'éluder cette difficulté en cherchant par un autre procédé l'aire comprise entre une de ces tangentes et l'ordonnée voisine : voyez d'ailleurs pour de plus amples détails, l'ouvrage cité de M. Legendre, pag. 313.

Les deux formules précédentes donneraient avec une simplicité remarquable, l'aire d'une surface curviligne quelconque dont on aurait la projection sur celle de Flamstéed modifiée, puisqu'une telle surface et sa projection sont toujours équivalentes.

Rectification des Courbes de projection.

5. Si l'on se proposait de rectifier un arc de méridien ou de parallèle, ou de toute autre courbe sur la carte, ce qu'il y aurait de plus simple à faire pour se borner à une exactitude suffisante, serait de considérer chacune de ces courbes comme un assemblage de petites lignes droites dont les coordonnées des extrémités seraient données par les formules exactes (3) et (4), ou par la méthode graphique. Cependant, si, pour plus de précision, l'on voulait employer à cet effet les rayons de courbure, on trouverait pour celui ζ d'un méridien, et à cause de

$$\zeta = \frac{\left(1 + \frac{dy^2}{dx^2}\right)^{\frac{3}{2}}}{\frac{d^2y}{dx^2}}, \text{ dans le cas général,}$$

$$\zeta = \frac{r \sec\theta}{\sin\theta\,(\cot\lambda\,\cos\theta + 2\,\text{tang}\,y\,\sin\theta)},$$

et pour celui d'un parallèle

$$\zeta' = \frac{r \sin^2\lambda\,\sin^2 y}{\cos^3\theta'\,\cot y\,(\sin^2 y + \cos^2\lambda)};$$

r étant comme ci-devant le rayon de la terre ; mais afin d'avoir une série de rayons de courbure de la même courbe, il serait nécessaire de faire varier l'abscisse λ, de grade en grade, par exemple, et de calculer les valeurs correspondantes de y et de θ ou de θ'. Supposons que pour l'abscisse $\lambda + 1^G$, l'ordonnée y devienne $y_,$, et que θ se change en $\theta_,$; alors l'amplitude de l'arc de méridien à rectifier, et commençant à l'extrémité de l'ordonnée y, sera

$$(100^G - \theta) - (100^G - \theta_,) = \theta_, - \theta = u,$$

et cet arc $\Delta\mu$ aura pour longueur

$$\Delta\mu = \frac{\pi\zeta u}{200},$$

π étant la demi-circonférence d'un cercle dont le rayon $= 1$. Même observation pour la rectification d'un arc de parallèle, et pour celle de la projection d'un arc de plus courte distance quelconque.

Au point où un méridien coupe l'équateur on a $\lambda = 0$ et $\theta = 0$; circonstance qui rend indéterminée la valeur précédente de ζ; mais l'on trouve dans ce cas

$$\zeta = \frac{2r}{\sin 2\varphi}.$$

Quant à la valeur de ζ', elle devient infinie à la même latitude $\lambda = 0$. Mais elle se présente aussi sous une forme indéterminée pour tous les points où $y = 0$, c'est-à-dire, pour tous ceux où les parallèles de la carte coupent le méridien principal entre l'équateur et le pôle; cependant on a alors

$$\zeta' = \frac{r}{\tang \lambda}.$$

*II*ème *Hypothèse, la terre étant un ellipsoïde de révolution.*

Équations exactes et approchées des courbes de projection des méridiens et des parallèles.

6. La considération de l'excentricité de la terre rend la plupart des questions précédentes beaucoup plus difficiles à résoudre, si l'on a pour but d'obtenir rigoureusement les coordonnées de la projection d'un point, quelle que soit d'ailleurs leur étendue;

Dionis-Duséjour a le premier envisagé cet objet sous ce point de vue, dans le deuxième volume de son *Traité analytique du mouvement apparent des corps célestes;* mais je vais exposer une méthode de calcul qui, par sa simplicité et sa généralité, mérite, je crois, la préférence sur celle de ce savant.

Puisque, pour projeter sur la carte de Cassini un point dont la latitude et la longitude sont connues, il est naturel de faire usage de ses distances à la méridienne de Paris et à sa perpendiculaire, et que c'est d'ailleurs de cette manière que l'on peut aisément parvenir à tracer les projections des méridiens et des parallèles, cherchons les formules relatives à un triangle sphéroïdique rectangle, c'est-à-dire à un triangle formé par deux portions de méridiens et un arc de plus courte distance perpendiculaire à l'un d'eux.

Pour cet effet, soit $MM' = s$ cet arc de plus courte distance sur la terre elliptique ayant pour axes $2a$ et $2b$;

L et L' les latitudes des extrémités M et M' de ce même arc supposé perpendiculaire au méridien qui passe par le point M;

φ la différence en longitude des points MM';

Enfin, soient λ et λ' les latitudes réduites des extrémités de s, ou deux angles tels, que

$$\tan\lambda = \frac{b}{a}\tan L,\qquad \tan\lambda' = \frac{b}{a}\tan L';$$

on aura, d'après la propriété de la ligne la plus courte sur le sphéroïde terrestre, ces deux équations différentielles

$$ds = -\,d\lambda'\cos\lambda'\sqrt{\frac{a^2\sin^2\lambda' + b^2\cos^2\lambda'}{\cos^2\lambda' - \cos^2\lambda}},$$

$$d\varphi = -\,\frac{\cos\lambda d\lambda'}{a\cos\lambda'}\sqrt{\frac{a^2\sin^2\lambda' + b^2\cos^2\lambda'}{\cos^2\lambda' - \cos^2\lambda}}.$$

(Consultez le n° 7 de ma *Topographie*, ou le n° 24 du *Supplément.*) J'ai fait voir dans cet Ouvrage comment M. Legendre rend très-facile l'intégration de ces formules, par l'introduction d'un angle subsidiaire et quelques transformations ingénieuses : toutefois elles se prêtent assez aisément à cette opération, en changeant sous les

radicaux les cosinus en sinus, et y faisant pour abréger $\frac{a^2 - b^2}{b^2} = \varepsilon$.
En effet on a d'abord

$$ds = -\frac{bd \sin \lambda'}{(\sin^2 \lambda - \sin^2 \lambda')^{\frac{1}{2}}} \cdot \sqrt{1 + \varepsilon \sin^2 \lambda'},$$

$$d\varphi = -\frac{b}{a} \cdot \frac{\cos \lambda \cos \lambda' d\lambda'}{\cos^2 \lambda' (\sin^2 \lambda - \sin^2 \lambda')^{\frac{1}{2}}} \cdot \sqrt{1 + \varepsilon \sin^2 \lambda'};$$

puis développant le facteur $\sqrt{1 + \varepsilon \sin^2 \lambda'}$ jusqu'au terme de l'ordre ε^2 inclusivement, les premiers termes des valeurs de ds et $d\varphi$ seront respectivement

$$-\frac{bd \sin \lambda'}{(\sin^2 \lambda - \sin^2 \lambda')^{\frac{1}{2}}}, \quad \text{et} \quad -\frac{b}{a} \cdot \frac{\cos \lambda \cos \lambda' d\lambda'}{\cos^2 \lambda' (\sin^2 \lambda - \sin^2 \lambda')^{\frac{1}{2}}},$$

ou bien

$$-b \frac{d.\frac{\sin \lambda'}{\sin \lambda}}{\left(1 - \frac{\sin^2 \lambda'}{\sin^2 \lambda}\right)^{\frac{1}{2}}}, \quad \text{et} \quad -\frac{b}{a} \frac{d.\frac{\text{tang}\, \lambda'}{\text{tang}\, \lambda}}{\left(1 - \frac{\text{tang}^2 \lambda'}{\text{tang}^2 \lambda}\right)^{\frac{1}{2}}}.$$

Car par les formules trigonométriques connues l'on a

$$\sin^2\lambda - \sin^2\lambda' = \sin(\lambda + \lambda')\sin(\lambda - \lambda') = (\text{tang}^2\lambda - \text{tang}^2\lambda')\cos^2\lambda\cos^2\lambda'.$$

Quant aux autres termes, ils seront de la forme

$$A \frac{u^m du}{(k^2 - u^2)^{\frac{1}{2}}},$$

et par conséquent l'on aura en général

$$\int \frac{u^m du}{(k^2 - u^2)^{\frac{1}{2}}} = -\frac{u^{m-1}\sqrt{k^2 - u^2}}{m} + \frac{m-1}{m} k^2 \int \frac{u^{m-2} du}{(k^2 - u^2)^{\frac{1}{2}}}:$$

si donc l'on intègre, il viendra, à cause de $\frac{b}{a} = 1 - \frac{1}{2}\varepsilon + \frac{3}{8}\varepsilon^2 \ldots\ldots$,

$$\frac{s}{b} = [1 + \tfrac{1}{4}\varepsilon \sin^2\lambda - \tfrac{3}{64}\varepsilon^2 \sin^4\lambda] \text{arc}\left(\cos = \frac{\sin \lambda'}{\sin \lambda}\right)$$
$$+ [\tfrac{1}{4}\varepsilon^2 \sin^2\lambda - \tfrac{3}{64}\varepsilon^2 \sin^4\lambda] \left[\frac{\sin \lambda'}{\sin \lambda}\left(1 - \frac{\sin^2 \lambda'}{\sin^2 \lambda}\right)^{\frac{1}{2}}\right]$$
$$- \tfrac{1}{32}\varepsilon^2 \sin^4\lambda \left[\frac{\sin^3 \lambda'}{\sin^3 \lambda}\left(1 - \frac{\sin^2 \lambda'}{\sin^2 \lambda}\right)^{\frac{1}{2}}\right],$$

$\varphi =$

$$\varphi = \text{arc}\left(\cos = \frac{\text{tang}\,\lambda'}{\text{tang}\,\lambda}\right)$$
$$- \left[\tfrac{1}{2}\varepsilon - \tfrac{3}{8}\varepsilon^2 - \tfrac{1}{16}\varepsilon^2 \sin^2\lambda\right] \cos\lambda \left[\text{arc}\left(\cos = \frac{\sin\lambda'}{\sin\lambda}\right)\right]$$
$$+ \tfrac{1}{16}\varepsilon^2 \sin^2\lambda \cos\lambda \left[\frac{\sin\lambda'}{\sin\lambda}\left(1 - \frac{\sin^2\lambda'}{\sin^2\lambda}\right)^{\frac{1}{2}}\right].$$

Il n'y a point de constantes à ajouter, parce qu'elles sont nulles en même tems que s et φ; en effet λ' se change alors en λ.

Maintenant soit

$$\sigma = \text{arc}\left(\cos = \frac{\sin\lambda'}{\sin\lambda}\right), \quad \text{et} \quad \omega = \text{arc}\left(\cos = \frac{\text{tang}\,\lambda'}{\text{tang}\,\lambda}\right),$$

ou, ce qui revient au même,

$$\cos\sigma = \frac{\sin\lambda'}{\sin\lambda}, \quad \cos\omega = \frac{\text{tang}\,\lambda'}{\text{tang}\,\lambda}:$$

or ces deux relations appartiennent évidemment à un triangle sphérique rectangle dont les côtés de l'angle droit sont $(100^{G} - \lambda)$ et σ, et dont l'angle opposé à σ est ω. De plus il est remarquable que σ est précisément l'angle auxiliaire employé par M. Legendre; partant,

$$\text{tang}\,\omega = \frac{\text{tang}\,\sigma}{\cos\lambda}, \quad \frac{\sin\lambda'}{\sin\lambda}\left(1 - \frac{\sin^2\lambda'}{\sin^2\lambda}\right)^{\frac{1}{2}} = \tfrac{1}{2}\sin 2\sigma$$
$$\frac{\sin^3\lambda'}{\sin^3\lambda}\left(1 - \frac{\sin^2\lambda'}{\sin^2\lambda}\right)^{\frac{1}{2}} = \cos^3\sigma \sin\sigma = \tfrac{1}{8}\sin 4\sigma + \tfrac{1}{4}\sin 2\sigma;$$

et par conséquent

$$\left.\begin{aligned} \frac{s}{b} = {} & \left(1 + \tfrac{1}{4}\varepsilon\sin^2\lambda - \tfrac{3}{64}\varepsilon^2\sin^4\lambda\right)\sigma \\ & + \left(\tfrac{1}{8}\varepsilon\sin^2\lambda - \tfrac{1}{32}\varepsilon^2\sin^4\lambda\right)\sin 2\sigma \\ & - \tfrac{1}{256}\varepsilon^2\sin^4\lambda\sin 4\sigma \end{aligned}\right\} \quad (A)$$

$$\left.\begin{aligned} \varphi = {} & \omega - \left[\tfrac{1}{2}\varepsilon - \tfrac{3}{8}\varepsilon^2 - \tfrac{1}{16}\varepsilon^2\sin^2\lambda\right]\sigma\cos\lambda \\ & + \tfrac{1}{32}\varepsilon^2\sin^2\lambda\cos\lambda\sin 2\sigma. \end{aligned}\right\} \quad (B)$$

Comme il est utile en outre d'avoir la valeur de σ en fonction de $\frac{s}{b}$, je vais retourner la série (A), et employer à cet effet la formule de M. Laplace; savoir,

$$\left.\begin{aligned} f(u) = f(a) + \varphi(a) f'(a) \cdot \varepsilon + \frac{d.[\varphi^2(a) f'(a)]}{da} \cdot \frac{\varepsilon^2}{2} \\ + \frac{d^2.[\varphi^3(a) f'(a)]}{da^2} \cdot \frac{\varepsilon^3}{2.3} + \ldots \end{aligned}\right\} \quad (C)$$

dans laquelle $f'(a) = \frac{d.f(a)}{da}$, et qui a lieu lorsque

$$u = a + \varepsilon\varphi(u); \quad (D)$$

φ et f désignant ici des fonctions quelconques.

Or afin de donner à l'équation (A) la forme de celle (D) il convient de prendre la valeur de σ et de la développer jusqu'aux termes en ε^2 inclusivement; de cette manière on trouve

$$\left.\begin{aligned} \sigma = \frac{s}{b} + \varepsilon\Big[-\tfrac{1}{4}\tfrac{s}{b}\sin^2\lambda + \tfrac{7}{64}\varepsilon\tfrac{s}{b}\sin^4\lambda \\ -\tfrac{1}{8}\sin 2\sigma \sin^2\lambda + \tfrac{1}{16}\varepsilon \sin 2\sigma \sin^4\lambda \\ + \tfrac{1}{256}\varepsilon \sin 4\sigma \sin^4\lambda; \Big] \end{aligned}\right\} \quad (D')$$

d'où l'on voit, en comparant ce résultat à (D), que l'on a $u = \sigma$, $a = \frac{s}{b}$ et

$$\varphi(u) = \varphi(\sigma) = -\tfrac{1}{4}\tfrac{s}{b}\sin^2\lambda + \tfrac{7}{64}\varepsilon\tfrac{s}{b}\sin^4\lambda - \tfrac{1}{8}\sin 2\sigma \sin^2\lambda$$
$$+ \tfrac{1}{16}\varepsilon \sin 2\sigma \sin^4\lambda + \tfrac{1}{256}\varepsilon \sin 4\sigma \sin^4\lambda;$$

et comme ici

$$f(u) = \sigma, \quad f(a) = \frac{s}{b}, \quad \text{l'on a} \quad \frac{d.f(a)}{da} = f'(a) = 1,$$

par suite

$$\varphi(a) = \varphi\left(\frac{s}{b}\right) = -\tfrac{1}{4}\tfrac{s}{b}\sin^2\lambda + \tfrac{7}{64}\varepsilon\tfrac{s}{b}\sin^4\lambda - \tfrac{1}{8}\sin 2\left(\tfrac{s}{b}\right)\sin^2\lambda + \tfrac{1}{16}\varepsilon\sin 2\left(\tfrac{s}{b}\right)\sin^4\lambda$$
$$+ \tfrac{1}{256}\varepsilon \sin 4\left(\tfrac{s}{b}\right)\sin^4\lambda,$$

$$d.\frac{[\varphi^2(a) f'(a)]}{da} = d.\left[\tfrac{1}{16}\tfrac{s}{b}\sin 2\left(\tfrac{s}{b}\right)\sin^4\lambda + \tfrac{1}{64}\sin^2 2\left(\tfrac{s}{b}\right)\sin^4\lambda\right] \cdot \frac{1}{da}$$
$$= \tfrac{1}{8}\tfrac{s}{b}\cos 2\left(\tfrac{s}{b}\right)\sin^4\lambda + \tfrac{1}{32}\sin 4\left(\tfrac{s}{b}\right)\sin^4\lambda.$$

Donc la série (C) se change en cette autre

$$\left.\begin{aligned}\sigma = \tfrac{s}{b}(1 - \tfrac{1}{4}\varepsilon \sin^2\lambda + \tfrac{7}{64}\varepsilon^2 \sin^4\lambda) \\ - \sin 2\left(\tfrac{s}{b}\right)[\tfrac{1}{8}\varepsilon \sin^2\lambda - \tfrac{1}{16}\varepsilon^2 \sin^4\lambda] \\ + \tfrac{s}{b}\cos 2\left(\tfrac{s}{b}\right)(\tfrac{1}{16}\varepsilon^2 \sin^4\lambda) \\ + \tfrac{5}{256}\varepsilon^2 \sin 4\left(\tfrac{s}{b}\right)\sin^4\lambda.\end{aligned}\right\} \quad (E)$$

ce qu'il fallait trouver. On parviendrait aussi à cette série par la méthode des coefficiens indéterminés; mais le calcul, quoique plus élémentaire, serait néanmoins un peu plus long. Il faudrait, dans ce cas, supposer

$$\sigma = \tfrac{s}{b} + P\varepsilon + Q\varepsilon^2 + \ldots\ldots \quad (F)$$

et tirer de là

$$\sin 2\sigma = \sin 2\left(\tfrac{s}{b}\right) + 2P\varepsilon.\cos 2\left(\tfrac{s}{b}\right)$$

$$\sin 4\sigma = \sin 4\left(\tfrac{s}{b}\right);$$

car en substituant ces valeurs dans la série (D') ordonnée par rapport à ε, puis la comparant terme à terme avec la précédente (F), on aurait autant d'équations de condition qu'il y a de coefficiens à déterminer.

Les résultats (A), (B), (E), qui sont les mêmes que ceux auxquels M. Legendre est arrivé par une autre voie, mettent à même de résoudre ce problème :

Etant données la latitude L *du pié* M *de la perpendiculaire* s *et cette perpendiculaire, déterminer la latitude* L' *et la longitude* φ *de son extrémité* M'.

En effet la relation $\tang\lambda = \frac{b}{a}\tang L$ fera connaître la latitude réduite λ; la formule (E) donnera l'arc σ; de la relation .... $\sin\lambda' = \sin\lambda\cos\sigma$, on obtiendra λ'; et au moyen de celle-ci, $\tang L' = \frac{a}{b}\tang\lambda'$, on aura la latitude L' cherchée.

Ensuite au moyen de $\tang\omega = \frac{\tang\sigma}{\cos\lambda}$, ou de $\cos\omega = \frac{\tang\lambda'}{\tang\lambda}$, on aura l'angle ω; et enfin la formule (B) fera connaître la longitude φ du point M', comptée à partir du méridien de M.

Mais remarquons que comme l'on peut très-bien dans la pratique, se passer des termes en ε^2, quelle que soit même l'amplitude de l'arc s, on aura simplement alors

$$\sigma = \frac{s}{b}(1 - \tfrac{1}{4}\varepsilon \sin^2\lambda) - \tfrac{1}{8}\varepsilon \sin^2\lambda \sin 2\left(\frac{s}{b}\right),$$

ou réduisant en secondes et mettant en facteurs

$$\sigma = \frac{sr''}{b}\left\{1 - \tfrac{1}{4}\varepsilon \sin^2\lambda - \frac{\varepsilon}{8}\frac{b}{s}\sin^2\lambda \sin 2\left(\frac{sr''}{b}\right)\right\},$$

r'' désignant le nombre de secondes contenues dans un arc égal au rayon; enfin prenant le logarithme de chaque membre et appelant K le module $= 0,43429448$, on a

$$\text{(G)} \qquad \log\sigma = \log\frac{s}{b}r'' - \tfrac{1}{4}\varepsilon K \sin^2\lambda - \tfrac{1}{4}\varepsilon K \sin^2\lambda . \frac{b}{2s}\sin 2\left(\frac{s}{b}r''\right).$$

De même, de l'équation

$$\varphi = \omega - \tfrac{1}{2}\varepsilon\sigma\cos\lambda$$

on tire, en prenant la tangente de part et d'autre,

$$\tang\varphi = \frac{\tang\omega - \frac{1}{2}\varepsilon\sigma\cos\lambda}{1 + \frac{1}{2}\varepsilon\sigma\cos\lambda\tang\omega} = \tang\omega - \tfrac{1}{2}\varepsilon\sigma\cos\lambda - \tfrac{1}{2}\varepsilon\sigma\cos\lambda\tang^2\omega;$$

mais $\tang\omega = \frac{\tang\sigma}{\cos\lambda}$; donc

$$\tang\varphi = \frac{\tang\sigma}{\cos\lambda}(1 - \tfrac{1}{2}\varepsilon\sigma\tang\sigma) - \tfrac{1}{2}\varepsilon\sigma\cos\lambda;$$

et de là

$$\text{(H)} \quad \log\tang\varphi = \log\frac{\tang\sigma}{\cos\lambda} - \tfrac{1}{2}\varepsilon K\frac{\sigma}{r''}\tang\sigma - \tfrac{1}{2}\varepsilon K\frac{\sigma}{r''}\frac{\cos^2\lambda}{\tang\sigma};$$

par ce moyen la détermination des angles σ et φ a lieu par les logarithmes à l'aide des deux seules formules (G), (H). Passons maintenant à la solution du problème inverse qui est celui que nous avons principalement en vue, et qu'on peut énoncer ainsi :

La latitude et la longitude d'un point étant connues, trouver ses distances à la méridienne et à la perpendiculaire d'un autre point connu.

Par exemple, L' et φ sont données, il s'agit de connaître λ et σ, par suite $L - \Lambda$ et s, Λ étant la latitude de l'origine des axes; car telles sont, sur la projection de Cassini, les coordonnées rectangles d'un point quelconque.

D'abord on a, par ce qui précède

(a) $$\sin\lambda' = \sin\lambda \cos\sigma;$$

(b) $$\cos\omega = \frac{\text{tang}\,\lambda'}{\text{tang}\,\lambda};$$

(c) $$\text{tang}\,\omega = \frac{\text{tang}\,\sigma}{\cos\lambda};$$

(d) $$\omega = \varphi + \tfrac{1}{2}\varepsilon\sigma \cos\lambda;$$

(e) $$s = b\sigma(1 + \tfrac{1}{4}\varepsilon \sin^2\lambda) + \tfrac{1}{8}b\varepsilon \sin^2\lambda \sin 2\sigma.$$

Prenant le sinus de chaque membre de l'équation (d), on obtient, en se bornant aux termes de l'ordre ε,

$$\sin\omega = \sin\varphi + \tfrac{1}{2}\varepsilon \cos\lambda \cos\varphi \sin\sigma;$$

divisant celle-ci par l'équation (b) et ayant égard aux relations (c) et (a), on trouve

$$\sin\sigma = (\sin\varphi + \tfrac{1}{2}\varepsilon \sin\sigma \cos\lambda \cos\varphi) \cos\lambda';$$

de là

$$\sin\sigma = \sin\varphi \cos\lambda' . (1 + \tfrac{1}{2}\varepsilon \cos\lambda \cos\lambda' \cos\varphi).$$

Elevant cette valeur au quarré, ainsi que celle de $\cos\sigma$ déduite de la relation (a), puis ajoutant, l'on a

$$1 = \sin^2\varphi \cos^2\lambda' (1 + \varepsilon \cos\lambda \cos\lambda' \cos\varphi) + \frac{\sin^2\lambda'}{\sin^2\lambda};$$

d'où l'on tire aisément

$$\sin\lambda = \frac{\sin\lambda'}{\sqrt{1 - \sin^2\varphi \cos^2\lambda'}} \left(1 + \tfrac{1}{2}\varepsilon \frac{\cos\lambda \cos\lambda' \cos\varphi \sin^2\varphi \cos^2\lambda'}{1 - \sin^2\varphi \cos^2\lambda'}\right);$$

Maintenant soit ψ ce que devient λ lorsque $\epsilon = 0$; on a alors

$$\sin\lambda = \sin\psi\,(1 + \tfrac{1}{2}\epsilon \cos\psi \sin^2\psi \cos\varphi \sin^2\varphi \cos\lambda' \cot^2\lambda') :$$

mais parce que $\sin\psi = \frac{\sin\lambda'}{\sqrt{1 - \sin^2\varphi \cos^2\lambda'}}$, il s'ensuit que

$$\tang\psi = \frac{\tang\lambda'}{\cos\varphi} ;$$

donc l'équation précédente se change en la suivante

$$\sin\lambda = \sin\psi + \tfrac{1}{2}\epsilon \cos^2\psi \sin^2\psi \cos\lambda' \cot\lambda' \sin^2\varphi ;$$

et donne le sinus de la latitude *réduite* du pié de la perpendiculaire. Mais pour obtenir directement cette latitude, faisons

$$\lambda = \psi + M\epsilon ,$$

M étant un coefficient à déterminer; et prenons le sinus de part et d'autre, nous aurons

$$\sin\lambda = \sin\psi + M\epsilon \cos\psi .$$

Ces deux valeurs de $\sin\lambda$ devant être identiques, il s'ensuit évidemment que

$$M = \tfrac{1}{2}\epsilon \cos\psi \sin^2\psi \cos\lambda' \cot\lambda' \sin^2\varphi ;$$

donc

$$\lambda = \psi + \tfrac{1}{2}\epsilon \cos\psi \sin^2\psi \cos\lambda' \cot\lambda' \sin^2\varphi ,$$

ou bien faisant $\sin\sigma' = \sin\varphi \cos\lambda'$, pour abréger, on a

$$\text{(h')} \qquad \lambda = \psi + \tfrac{1}{2}\epsilon \sin\sigma' \sin\psi \cos^2\psi \tang\varphi .$$

Ayant trouvé de la sorte la valeur de λ, on calculera celle de $\cos\sigma$ au moyen de la relation (a), puis l'on déterminera s par la formule (e).

Voici la réunion de toutes les formules par lesquelles on devra passer successivement pour effectuer ces calculs.

$$\text{(f)} \qquad \tang\lambda' = \frac{b}{a}\tang L', \quad \text{ou} \quad L' - \lambda' = \left(\frac{a-b}{a+b}\right)\sin 2L' \ldots\ldots,$$

$$\text{(g)} \qquad \tang\psi = \frac{\tang\lambda'}{\cos\varphi}$$

$$\text{(h)} \qquad \lambda = \psi + \tfrac{1}{2}\epsilon'' \cos\psi \sin^2\psi \cos\lambda' \cot\lambda' \sin^2\varphi ,$$

$$\text{(i)} \qquad \operatorname{tang} L = \frac{a}{b} \operatorname{tang} \lambda, \quad \text{ou} \quad L - \lambda = \left(\frac{a-b}{a+b}\right) \sin 2\lambda \ldots$$

$$\text{(k)} \qquad \cos\sigma = \frac{\sin \lambda'}{\sin \lambda},$$

$$\text{(l) abscisse } x = \frac{b}{r''}(L - \Lambda) + \tfrac{1}{4}\varepsilon \frac{b}{r''}[L - \Lambda - 3r'' \sin(L-\Lambda)\cos(L+\Lambda)],$$

$$\text{(m) } s\text{, ou ordonnée } y = \frac{b\sigma}{r''}(1 + \tfrac{1}{4}\varepsilon \sin^2\lambda) + \tfrac{1}{8} b\varepsilon \sin^2\lambda \sin 2\sigma.$$

Aux trois dernières équations de ce système on peut substituer ces trois autres :

$$\text{(k}'\text{)} \qquad \log \sin\sigma = \log.\sin\varphi \cos\lambda' + \tfrac{1}{2}\varepsilon K \cos\lambda \cos\lambda' \cos\varphi,$$

$$\text{(l}'\text{)} \qquad \log x = \log \frac{b}{r''}(L - \Lambda) + \tfrac{1}{4}\varepsilon K - \tfrac{3}{4}\frac{\varepsilon r'' K \sin(L-\Lambda)\cos(L+\Lambda)}{L - \Lambda},$$

$$\text{(m}'\text{)} \qquad \log y = \log \frac{b\sigma}{r''} + \tfrac{1}{4}\varepsilon K \sin^2\lambda + \tfrac{1}{4}\varepsilon K \sin^2\lambda . \tfrac{1}{2}\frac{r''}{\sigma} \sin 2\sigma.$$

Pour obtenir les coordonnées des points d'intersection des méridiens et des parallèles menés de décigrade en décigrade, par exemple, on fera, dans ces formules, croître successivement d'un décigrade les angles φ et L'; mais si on voulait tracer séparément un méridien et un parallèle, il faudrait évidemment, pour la première courbe, supposer φ constant et L' variable; pour la seconde courbe, au contraire, considérer φ comme variable et L' comme constant. La recherche de ces coordonnées serait singulièrement simplifiée, si l'on formait une table qui donnât λ par L, et réciproquement; ensuite deux autres tables qui fussent relatives, l'une à la rectification d'un arc de méridien connu par son amplitude, l'autre à celle d'un arc perpendiculaire à ce méridien.

7. Les formules précédentes sont donc très-générales, et il est remarquable qu'elles s'identifient avec celles que M. Oriani a publiées sans démonstration dans ses *Opusculi astronomici*, (Milano, 1806), en changeant $\sin\sigma'$ en σ' dans (h'), faisant $\sin\sigma' = \sin\varphi \cos L'$ au lieu de $\sin\sigma' = \sin\varphi \cos\lambda'$, et changeant de même λ' en L' dans la valeur de $\operatorname{tang}\psi$; ce qui revient à supposer l'arc σ' petit : mais une pareille hypothèse, quoique presque toujours permise dans la pratique, restreindrait trop l'usage de nos formules. Toutefois l'on

peut, sans inconvénient, sacrifier quelque chose de leur exactitude, et rendre par ce moyen le calcul des coordonnées d'un point à peu près aussi simple que pour le cas de la terre sphérique : c'est ce que l'on va voir.

Prenant la tangente des deux membres de l'équation (h), et s'arrêtant, comme il a été prescrit ci-dessus, aux termes en ε, l'on aura, à cause de la relation (i)

$$\frac{b}{a}\operatorname{tang} L = \operatorname{tang}\psi\,(1 + \tfrac{1}{2}\varepsilon \cos\psi \operatorname{tang}\psi \cos\lambda' \cot\lambda' \sin^2\varphi),$$

d'ailleurs $\operatorname{tang}\psi = \frac{b}{a}\,\frac{\operatorname{tang} L'}{\cos\varphi}$, ainsi

$$\operatorname{tang} L = \frac{\operatorname{tang} L'}{\cos\varphi}\left(1 + \tfrac{1}{2}\varepsilon \cos\psi \cos\lambda' \frac{\sin^2\varphi}{\cos\varphi}\right);$$

mais le degré d'approximation étant fixé aux quantités du premier ordre, et la valeur de $\cos\psi$ étant, par ce qui précède,

$$\cos\psi = \frac{\cos\varphi \cos\lambda'}{\sqrt{1 - \sin^2\varphi \cos^2\lambda'}} = \frac{\cos\varphi \cos\lambda'}{\cos\sigma'},$$

on peut, dans le second membre de l'équation précédente, changer $\cos\lambda'$ en $\cos L'$, et $\cos\sigma'$ en $\cos\sigma$; alors on a simplement

$$\operatorname{tang} L = \frac{\operatorname{tang} L'}{\cos\varphi}\left(1 + \tfrac{1}{2}\varepsilon \cos^2 L' \frac{\sin^2\varphi}{\cos\sigma}\right).$$

Observons en outre, que $\sigma = \frac{s}{b} = \frac{y}{b}$, aux quantités près du premier ordre; ainsi en considérant y comme réduit en secondes, on a

$$\operatorname{tang} L = \frac{\operatorname{tang} L'}{\cos\varphi}\left(1 + \tfrac{1}{2}\varepsilon \cos^2 L' \frac{\sin^2\varphi}{\cos y}\right);$$

mais dans la supposition de la terre sphérique

(n) $\sin y = \sin\varphi \cos L'$, et $\operatorname{tang} y = \operatorname{tang}\varphi \cos L$; (p)

on a donc enfin

(q) $$\operatorname{tang} L = \frac{\operatorname{tang} L'}{\cos\varphi}(1 + \tfrac{1}{2}\varepsilon \operatorname{tang} y \sin y),$$

(q') et $$\log\operatorname{tang} L = \log\frac{\operatorname{tang} L'}{\cos\varphi} + \tfrac{1}{2}\varepsilon K \operatorname{tang} y \sin y;$$

réciproquement

réciproquement

(r) $\log \operatorname{tang} L' = \log . \operatorname{tang} L \cos \varphi - \frac{1}{2} \varepsilon K \operatorname{tang} y \sin y.$

Les formules (n) et (q) feront connaître conjointement la latitude vraie L du pié de la perpendiculaire y, au moyen de la latitude et de la longitude vraies L', φ de l'extrémité de cette ligne; la formule (n) ou (p) donnera même l'amplitude de la perpendiculaire y avec une précision suffisante, la longitude φ fût-elle de 9 degrés; de sorte qu'en multipliant cette amplitude évaluée en secondes, par le rayon γ' de courbure correspondant et exprimé en mètres, ainsi que par $\sin 1''$, le produit sera l'arc y exprimé en même mesure.

Quant à la valeur du rayon de courbure γ', il serait convenable de prendre celle qui correspond à la latitude du milieu de l'arc y; mais vu la très-petite excentricité de cet arc, il n'y a pas d'inconvénient à prendre la valeur qui a lieu à l'origine de y, si cet arc est d'un très-petit nombre de degrés; ainsi $\gamma' = \frac{n}{(1 - e^2 \sin^2 L)^{\frac{1}{2}}}$ (*).

Lorsque la différence des latitudes L, L' est très-petite, on l'obtient péniblement par la formule (q), parce que le log tang L doit renfermer 7 décimales; mais alors il est plus simple et plus exact de calculer directement cette différence. Or, pouvant dans cette hypothèse, écrire y^2 au lieu de tang y sin y dans la formule dont il s'agit, on a

$$\operatorname{tang} L = \frac{\operatorname{tang} L'}{\cos \varphi}\left(1 + \tfrac{1}{2}\varepsilon y^2\right) = \operatorname{tang} L' . \left(1 + \tfrac{1}{2}\varepsilon y^2\right)\left(1 + \frac{\varphi^2}{2}\right).$$

(*) Rigoureusement parlant, un arc de plus courte distance perpendiculaire au méridien est en général une ligne à double courbure; mais son écart de la section faite par un plan mené suivant la verticale de son origine et perpendiculairement au méridien, est si petit, qu'il est permis dans le cas actuel de le supposer nul. De plus, en remontant aux expressions des demi-axes de cette section que j'ai données (n° 9, Supplément à la Topographie), on prouvera aisément que son excentricité $= 0$, ou $< e$, ou $= e$; e étant l'excentricité de l'ellipse génératrice du sphéroïde, en supposant le demi-grand axe $= 1$.

Mais, à cause de $\varphi = \frac{y}{\cos L'}$, on a en outre

$$\operatorname{tang} L - \operatorname{tang} L' = \tfrac{1}{2} y^2 \left(\frac{1 + \epsilon \cos^2 L'}{\cos^2 L'}\right) \operatorname{tang} L' = \frac{\sin (L - L')}{\cos L \cos L'},$$

et comme, par supposition, L diffère très-peu de L', il est permis de faire $\cos L = \cos L'$, et de prendre l'arc d'une très-petite amplitude pour son sinus ; ainsi

$$L - L' = \tfrac{1}{2} y^2 \operatorname{tang} L' . (1 + \epsilon \cos^2 L'),$$

ou même en réduisant en secondes, et supposant que y est donné en mètres,

$$(q'') \qquad L - L' = \tfrac{1}{2} \frac{y^2}{\gamma'^2 \sin 1''} \operatorname{tang} L' . (1 + e^2 \cos^2 L'),$$

vu d'ailleurs que

$$\epsilon = \frac{e^2}{1 - e^2} = e^2 (1 + e^2 \ldots).$$

Nous voilà donc retombés sur une formule très-connue et qui comporte une exactitude suffisante, quand même la longitude φ serait de 5° ; mais au-delà de ce terme les erreurs qu'elle donnerait deviendraient très-sensibles sur une projection faite au 50000ième.

Il suit de là que si l'on désigne $L - L'$ par x, on aura pour l'équation approchée de la projection des parallèles, relativement à la terre supposée un ellipsoïde de révolution,

$$(6'') \qquad x = \tfrac{1}{2} y^2 \operatorname{tang} L' . (1 + e^2 \cos^2 L')$$

laquelle est à la parabole et ne diffère de celle (6′) du n° 2 que par le terme $e^2 \cos^2 L'$ dépendant du quarré de l'excentricité.

Quant à la projection d'un méridien, elle sera encore donnée soit par l'équation (1), soit par celle (5) ou (5′) du numéro cité, parce que ces dernières ont sensiblement lieu pour la terre sphérique comme pour la terre sphéroïdique ; mais afin d'appliquer maintenant le calcul à ces équations, il serait nécessaire d'exprimer x et y en mètres ; et d'écrire ensuite $\frac{x}{\gamma}$ et $\frac{y}{\gamma'}$, au lieu de x et de y ; γ et γ' étant les rayons de courbure de ces coordonnées.

Recherche des angles formés par les projections des méridiens et des parallèles.

8. Les équations (n), (p), (q) sont sous une forme telle, que l'on peut déterminer très-facilement l'angle que la projection d'un méridien ou d'un parallèle fait avec l'ordonnée d'un de ses points. Par exemple si, comme dans le n° 3, m' est l'angle formé par un méridien de la carte et l'axe des y, on aura la valeur de $\tang m'$, ou de $\gamma \frac{dL}{dy}$; (γ étant le rayon de courbure du méridien dans la supposition que le rayon de l'équateur $= 1$), en différentiant les équations (q) et (n) par rapport à L, L' et y, et faisant attention que L et L' augmentent quand y diminue : toutes opérations faites

$$\tang m' = \gamma \frac{dL}{dy} = -\gamma \frac{\cos y \cos^2 L}{\sin\varphi \sin L' \cos^2 L' \cos\varphi}(1 + \tfrac{1}{2}\varepsilon \tang y \sin y) - \tfrac{1}{2}\varepsilon\gamma \tang L' \frac{\cos^2 L}{\cos\varphi}\left(\frac{\tang y}{\cos y} + \sin y\right),$$

ou plus simplement, à cause des relations (n) et (p),

$$\tang m' = -\gamma \frac{1 + \frac{1}{2}\varepsilon \tang y \sin y}{\cos y \tang\varphi \sin L'} - \tfrac{1}{2}\varepsilon\gamma \frac{\tang L'}{\cos\varphi} \cos^2 L.\left(\frac{\tang y}{\cos y} + \sin y\right);$$

résultat qui se vérifie, car, lorsque $\varepsilon = 0$ on retrouve précisément la valeur de $\cot\theta$ obtenue relativement à la sphère.

On sait par la théorie du n° 7 (*Topographie*) que l'angle correspondant M' sur la terre est donné par la formule $\sin M' = \frac{\cos\lambda}{\cos\lambda'}$.

Soit en outre, comme dans le n° 3, θ' l'angle que la projection d'un arc élémentaire de parallèle fait avec l'axe des x; on obtiendra, en faisant varier L, y et φ dans le même sens, et considérant qu'alors L' est constant

$$\cot\theta' = \gamma \frac{dL}{dy} = \gamma \frac{\tang\varphi \tang L' \cos y \cos^2 L}{\cos^2\varphi \cos L'}.(1 + \tfrac{1}{2}\varepsilon \tang y \sin y) + \tfrac{1}{2}\varepsilon\gamma \frac{\tang L'}{\cos\varphi} \cos^2 L.\left(\frac{\tang y}{\cos y} + \sin y\right),$$

ou, simplifiant à l'aide des relations (n) et (p), il viendra

$$\cot\theta' = \gamma \frac{\operatorname{tang} y \operatorname{tang} L'}{\cos\varphi}\left(1 + \tfrac{1}{2}\epsilon \operatorname{tang} y \sin y\right)$$
$$+ \tfrac{1}{2}\epsilon\gamma \frac{\operatorname{tang} L'}{\cos\varphi} \cos^2 L.\left(\frac{\operatorname{tang} y}{\cos y} + \sin y\right).$$

Lorsque $\epsilon = 0$, on a simplement $\gamma = 1$ et

$$\cot\theta' = \operatorname{tang} y \frac{\operatorname{tang} L'}{\cos\varphi} = \operatorname{tang} y \operatorname{tang} L,$$

comme je l'ai trouvé directement.

Les valeurs numériques des angles m' et θ servent à déterminer, sur la carte, les directions des méridiens et des parallèles, et par conséquent leurs intersections avec les lignes du cadre, ainsi que je l'ai déjà fait remarquer; cependant, en pareil cas, l'opération graphique, que j'ai indiquée au n° 16 du Supplément à la Topographie, peut tenir lieu de tout calcul.

Applications de quelques-unes des formules précédentes.

9. Soit $L' = 59° 56' 23''$ la latitude de l'extrémité M' de l'arc s ou y perpendiculaire au méridien qui passe par l'autre extrémité M';

$\varphi = 36° 35' 45''$ la différence en longitude de ces deux points;

$\Lambda = 36° 32' 1''$ la latitude de l'origine des coordonnées x, y, ou d'un point situé sur le méridien de M:

On demande les valeurs de ces coordonnées.

Nous ferons d'abord usage des formules (f), (g), (h), (i), (k), (l), (m), qui ont toute l'exactitude que l'on peut desirer, et nous supposerons l'aplatissement de la terre de $\frac{1}{334}$, afin de profiter des valeurs que nous avons déjà obtenues pour a et b, page 30, Supplément à la Topographie; ensuite nous ferons voir que les équations (n), (p) et (q) peuvent toujours remplacer les premières, pour projeter des points sur la carte de Cassini: voici le type du calcul de toutes ces formules.

***Calcul de l'abscisse* x.**

$\log \frac{1}{2}\varepsilon \frac{1}{\sin 1''} = 2,79264$
$l \sin^2 \psi = 9,91464$
$l \cos \psi = 9,62575$
$l \cos \lambda' = 9,70073$
$l \cot \lambda' = 9,76380$
$l \sin^2 \varphi = 9,55073$
somme $= 1,34829$ ... $22'',30$

$\log \frac{b}{a} = 9,9986978$
$l \operatorname{tang} L' = 0,2375061$
$l \operatorname{tang} \lambda' = 0,2362039$ $\lambda' = 59° 51' 54'',65$
$c \log \varphi = 0,0953597$
$l \operatorname{tang} \psi = 0,3315636$, $\psi = 65° \ 0' 42'',94$
$+ 22'',30$

Ainsi lat. réduite du pié
de la perpendiculaire... $\lambda = 65° \ 1' \ 5'',24$

$\log \operatorname{tang} \lambda = 0,3316862$
$\log \frac{a}{b} = 0,0013022$
$\log \operatorname{tang} L = 0,3329884$

lat. du pié de la perp. $L = 65° \ 5' 1'',8$
latitude $\Lambda = 36 \ 32 \ 1$
$L - \Lambda$ ou amplitude de $x = 28° \ 33' 0'',8$
$x'' = 102780''$

$\log x'' = 5,0119086$
$\log b = 6,8032283$
$\log \sin 1'' = 4,6855749$
$6,5007118$

$\log \frac{1}{4} = 9,39794$
$\log \varepsilon = 7,77924$
$\log K = 9,63778$
l 2e term $= 6,81496$

$\log \frac{3}{4} \varepsilon K r'' = 2,60651-$
$c \log x'' = 4,98809$
$l \sin(L - \Lambda) = 9,67936$
$l \cos(L + \Lambda) = 9,30400-$
l 3e terme $= 6,57796+$

2e terme $+ 0,0006531$
3e terme $+ 0,0003784$
$\log x = 6,5017433$, d'où $x = 3174997^m = 1629009^t$.

Calcul de l'ordonnée y.

$\log \sin \lambda' = 9,9369390$
$c \log \sin \lambda = 0,0426603$
$\log \cos \sigma = 9,9795993$, $\sigma = 17° \ 25' \ 28'',5 = 62728'',5$

$\log \sigma = 4,7974649$ $\quad \log \frac{1}{4}\epsilon K = 6,81496$ $\quad$ l 2ᵉ terme $= 6,72964$

$\log \frac{b}{r''} = 1,4888032$ $\quad \log \sin^2 \lambda = 9,91468$ $\quad \log \frac{1}{4} r'' = 5,01340$

$\quad$ l 2ᵉ terme $= 6,72964$ $\quad$ c $\log \sigma = 5,20254$

$6,2862681$ $\quad$ l $\sin 2\sigma = 9,75695$

2ᵉ terme $= 0,0005366$ $\quad$ l 3ᵉ terme $= 6,70253$

3ᵉ terme $= 0,0005041$

$\log y = 6,2873088$, d'où $y = 1937799^m = 994235'$.

Suivant les formules citées de M. Oriani, dans lesquelles les termes en ϵ^4, ou ceux qui contiennent les quatrièmes puissances de l'excentricité sont conservés, on trouverait ces deux résultats, $x = 1628998'$, et $y = 994221'$; ce qui ne fait qu'une différence de 11' sur l'abscisse et de 14' sur l'ordonnée.

Maintenant pour donner une preuve de l'exactitude de la formule (q) ou (q'), calculons derechef la latitude L, en supposant les mêmes données que ci-dessus; et pour cet effet, déterminons préalablement la valeur de y au moyen de l'équation (n) : nous aurons

$\log \sin \phi = 9,7753675$

$\log \cos L' = 9,6997604$

$\log \sin y = 9,4751279$, $\quad y = 17° \, 22' \, 30'', 3$

$\log \frac{1}{2}\epsilon K = 7,11599$ $\quad y'' = 62550'', 3$

$\log \text{tang}\, y = 9,49541$

$\log$ 2ᵉ terme $= 6,08653$

$\log \text{tang}\, L' = 0,2375061$

c $\log \cos \phi = 0,0953597$

1ᵉʳ terme $= 0,3328658$

2ᵉ terme $= 0,0001219$

$\log \text{tang}\, L = 0,3329877$

$L = 65° \, 5' \, 1'', 65$;

ce qui est conforme au résultat précédent, à la petite différence près de $\frac{2}{10}$ de seconde environ.

Pour déterminer y en mètres, employons la formule

$$y = \gamma' \sin 1'' \, y'',$$

γ' étant le rayon de courbure de l'arc y correspondant à la latitude $\frac{L+L'}{2}$, n° 7 : or en général

$$\log \gamma' = 6{,}8051811 - 0{,}0006511 \cos 2\psi, \quad \text{pag. 25, } \textit{Topographie};$$

faisant donc $\psi = \frac{L+L'}{2}$, et mettant pour L et L' leurs valeurs actuelles, nous aurons

$$\begin{aligned} \log \gamma' &= 6{,}8055638 \\ \log \sin 1'' &= 4{,}6855749 \\ \log y'' &= 4{,}7962294 \\ \hline \log y &= 6{,}2873681 \\ \hline \text{d'où } y &= 1938064^m \end{aligned}$$

par les formules rigoureuses, ... $y = 1937799$

donc la différence est de. . . . . . . 265^m

Cette différence est considérable, parce que l'amplitude de y est fort grande; mais l'on n'emploie jamais, dans la pratique, des distances à la méridienne aussi longues que celle-ci.

En supposant $L' = 48°$ et $\varphi = 9°$, on ne trouverait au contraire qu'une différence de 16^m entre la valeur de y déduite des formules rigoureuses, et celle qui résulte de la méthode abrégée ci-dessus; et cependant l'amplitude de cet arc serait de $6°\ 0'\ 30'',4$: on peut donc adopter cette méthode dans tous les cas où il s'agit de placer des points sur la carte de Cassini, puisqu'une erreur de 50^m, y serait réduite à 1 millimètre, à l'échelle du 50000ième.

Dans la *Connaissance des Temps* pour 1808, M. Prony a publié aussi une formule très-simple pour déterminer la différence $L - L'$ des latitudes des extrémités d'une perpendiculaire à la méridienne, et j'en ai donné une démonstration à la page 28 du *Traité de Topographie*. Quoiqu'elle ne dérive pas précisément, comme la mienne, de la propriété de la plus courte distance sur l'ellipsoïde de révolution, elle ne laisse pas cependant d'être assez exacte, puisqu'en cherchant, par son moyen, la valeur de L obtenue dans le premier exemple précédent, cette valeur ne serait trop faible que de $8''$.

10. La seule méthode usitée jusqu'à ce jour pour calculer les distances à la méridienne et à la perpendiculaire, des sommets des triangles du premier ordre, et quelle que soit l'étendue de la carte en longitude, consiste (pag. 123, *Géodésie*) à mener par tous ces sommets, des parallèles au méridien principal et à sa perpendiculaire, et à résoudre les triangles qui en résultent, comme s'ils étaient tous rectilignes rectangles et dans un même plan; cependant il en résulte souvent des erreurs très-sensibles dans l'évaluation de ces coordonnées.

En effet supposons la terre sphérique, et qu'un point de sa surface soit situé sur un arc D de grand cercle ayant 3° d'amplitude, commençant au méridien principal et faisant avec lui un angle de 45°; les coordonnées x, y de l'extrémité de cet arc, obtenues par la méthode dont on vient de parler, seront chacune de 212132^m, tandis qu'en résolvant le triangle sphérique rectangle ayant pour côtés x, y, D, on aura $x = 212210^m$, et $y = 212090^m$; ainsi l'abscisse sera trop faible de 78^m, et l'ordonnée trop forte de 42^m. A la vérité ces erreurs seront à leur *maximum* pour tout point situé de la même manière que celui que nous considérons, comme il est aisé de s'en convaincre. Il serait donc convenable, pour rendre la méthode ordinaire la moins défectueuse possible, de choisir parmi les triangles qui unissent au méridien principal le point dont on cherche les coordonnées, ceux qui se trouvent le plus près de ce méridien et de la distance de ce point à cet axe. Mais il vaudrait mieux en pareil cas calculer d'abord les latitudes et les longitudes de tous les points du réseau de proche en proche par les formules de l'art. 83 du *Traité de Géodésie*, ainsi que cela se pratique pour la projection modifiée de Flamstéed; et ensuite déterminer les distances à la méridienne et à la perpendiculaire, comme je viens de l'enseigner. Par ce moyen il sera absolument inutile de consulter le canevas trigonométrique, pour se guider dans ce calcul; il suffira d'indiquer par des signes la région dans laquelle se trouve le point auquel ces distances se rapportent (pag. 88, *Topographie*).

On pourrait néanmoins obtenir rigoureusement les distances dont il s'agit, par la méthode que j'ai exposée d'après M. Legendre, à l'article 72 de l'ouvrage précité; mais cette méthode, qui est très-utile pour faire connaître avec la plus scrupuleuse exactitude un arc quel-

conque

conque de plus courte distance, entraîne dans trop de calculs pour en introduire l'usage en Topographie.

Trouver des formules pour corriger les latitudes, longitudes et azimuts calculés, en supposant un très-petit changement, 1°. dans l'azimut de départ; 2°. dans la latitude seule du lieu principal d'une carte.

11. J'ai déjà donné, n° 30 du *Sup. à la Top.*, des formules pour corriger la latitude et la longitude d'un point lié à un autre sur l'horizon duquel l'azimut, qui a servi à orienter le réseau trigonométrique, a éprouvé une petite variation : ainsi, pour satisfaire complètement à la première partie de la proposition, il ne s'agit que de trouver la variation d'un azimut quelconque pris sur l'horizon du point à rectifier et déduit du premier.

Soit, comme dans le n° cité, b, c les deux côtés constans, et A l'angle variable d'un triangle sphérique A, B, C. En supposant que C soit le pôle de la terre, dA la variation de l'azimut de départ, et dB celle de l'azimut au point B, on parviendra à trouver le rapport de dA à dB, en différentiant l'équation

$$\cos b = \cos a \cos c + \sin a \sin c \cos B;$$

opération qui donne d'abord, après avoir substitué à la place de $\sin c \cos B$ sa valeur déduite de cette même équation,

$$da\left(\frac{\cos c - \cos a \cos b}{\sin a}\right) + \sin a \sin c \sin B dB = 0,$$

puis réduisant, on a

$$da \cos C + \sin a \sin C\, dB = 0;$$

mais $da = \sin b \sin C dA$, par conséquent

$$dB = - dA\,\frac{\sin b \cos C}{\sin a}.$$

Soit donc Z l'azimut pris du point A et compté du sud à l'ouest, Z' un de ceux qui ont été conclus de celui-ci et qui se trouvent sur l'horizon de B; on aura, en vertu de cette formule, et désignant d'ailleurs par L, L' les latitudes de ces deux points, par P' leur différence en longitude,

$$dZ' = \frac{\cos P' \cos L}{\cos L'}\, dZ,$$

parce que Z et Z' croissent ou décroissent en même tems. Ainsi, sans repasser par tous les azimuts intermédiaires, on assignera sur-le-champ la correction à faire à un azimut quelconque par suite d'un petit changement survenu dans celui de départ.

Passons maintenant à la seconde partie de la proposition. D'abord il est évident que si la longitude absolue φ du lieu principal A, augmente d'une quantité quelconque ϖ, les longitudes de tous les autres points du réseau, et comptées toujours dans le même sens, augmenteront de la même quantité. Il reste donc à faire connaître le moyen de corriger tant les latitudes et les longitudes de ces mêmes points, avant de les projeter sur la carte, que les azimuts conclus, lorsqu'il existe une petite variation dans la latitude du point A.

Pour cet effet l'on regardera c, A comme constans dans le triangle A, B, C, et de la relation

$$\sin C \sin a = \sin c \sin A$$

on tirera, en différentiant,

$$da = - dC \frac{\tang a}{\tang C};$$

puis opérant de même sur l'équation

$$\cos a = \cos b \cos c + \sin b \sin c \cos A,$$

on obtiendra, à cause de cette même équation,

$$da \sin a = db \left(\frac{\cos c - \cos a \cos b}{\sin b}\right),$$

et par conséquent

$$da = db \cos C.$$

Enfin égalant ces deux valeurs de da, l'on trouvera

$$dC = - db \frac{\sin C}{\tang a}.$$

D'un autre côté, si l'on différentie l'équation

$$\cos b = \cos a \cos c + \sin a \sin c \cos B,$$

il viendra

$$db \sin b = da\left(\frac{\cos c - \cos a \cos b}{\sin a}\right) + \sin a \sin c \sin B dB,$$

et ensuite, toutes réductions faites,

$$db = da \cos C + \sin a \sin C dB;$$

mais $da = db \cos C$, donc

$$dB = db \frac{\sin C}{\sin a}.$$

Il est évident que L, L', P' croissent en même tems que Z' diminue : changeant donc la notation dans les résultats ci-dessus, et l'on aura pour la variation

$$\text{en latitude,} \quad dL' = dL \cos P'$$

$$\text{en longitude,} \quad dP' = dL \frac{\sin P'}{\cot L'},$$

$$\text{en azimut,} \quad dZ' = - dL \frac{\sin P'}{\cos L'}.$$

De sorte que

La latitude exacte du point B sera..... $L' + dL'$,

Sa longitude absolue et rectifiée........ $\varphi + \varpi + P' + dP'$,

Et un azimut quelconque sur l'horizon de ce point, de Z' qu'il était, deviendra...... $Z' + dZ'$.

Ces formules différentielles, et d'autres qui se déduiraient avec la même facilité des formules fondamentales de la trigonométrie sphérique, sont d'un fréquent usage dans la pratique de l'astronomie, et leur application à la géodésie n'est pas moins importante; il était donc convenable d'entrer dans quelques détails à ce sujet; mais pour en avoir de plus amples, on pourra consulter le chapitre XXI de la *Trigonométrie* de Cagnoli, 2ᵉ édition.

FIN.

ERRATUM.

Page 9, lignes 10 et 11, carte d'un globe divisé, *lisez* surface d'un globe, divisée.

www.ingramcontent.com/pod-product-compliance
Ingram Content Group UK Ltd.
Pitfield, Milton Keynes, MK11 3LW, UK
UKHW020409220726
13923UKWH00004B/1832

9 782019 495947